国学精注精译精评文库

素书

精注精译精评

先秦·黄石公 著
江力 注译评

线装书局

图书在版编目（CIP）数据

《素书》精注精译精评：全 2 册 /（先秦）黄石公著；江力注译评 .—北京：线装书局，2016.8（2023.2）

ISBN 978-7-5120-2106-8

Ⅰ.①素…　Ⅱ.①黄…②江…　Ⅲ.①个人—修养—中国—古代②《素书》—注释③《素书》—译文④《素书》—研究　Ⅳ.①B825

中国版本图书馆 CIP 数据核字（2015）第 322314 号

《素书》精注精译精评

作　　者　（先秦）黄石公
注 译 评 者　江　力
责任编辑　姚　欣
策　　划　善品堂藏书
出版发行　线装书局
　地　址　北京市丰台区方庄日月天地大厦B座一七层
　邮　编　一〇〇〇七八
　电　话　五八〇七六九三八　五八〇七七一二六
　网　址　www.zgxzsj.com
印　　刷　天津冠豪恒胜业印刷有限公司
字　　数　二二二千字
印　　张　五六
版　　次　二〇二三年二月第一版第三次印刷
印　　数　二〇〇一—六〇〇〇
定　　价　四六〇元（一函二册）

ISBN 978-7-5120-2106-8

线装书局官方微信

《国学精注精译精评文库》编委会

《国学精注精译精评文库》总序

改革开放三十年来，经济的发展，物质财富的快速增长，使越来越多的中国人迈入了小康生活。然而，建设中华民族共有的精神家园的任务越来越紧迫，一个古老的人生哲学命题又显现在人们的面前：我从哪里来？到哪里去？如何生活才能幸福？

这是一个人生观和宇宙观问题，也是中华民族在其文化历史进程中的规范认同问题。如『仁者爱人』『天下为公』『吾日三省吾身』『德不孤必有邻』『言必信，行必果』等观念都是中国人注重修养人格的价值来源。基本道德规范是支撑一个社会发展的重要基础。中华民族的一个重要传统就是重视基本道德规范与基本道德秩序，这是当今社会重构价值观念的资源。中华民族在其数千年生活中也融会其他民族智慧并向人类社会提供了有益的价值观念，如『己所不欲，勿施于人』已成为当今世界文明对话的伦理基础。

中华民族数千年来生生不息的精神追求所铸造的思维方法与价值观念是当代中国发展的资源。历史昭示：一个民族文化的成长，要大胆向外族文化学习，同时不要忘记本民族的历史文化。『返本开新』

应该是我们的文化战略选择。

中华民族几千年璀璨的文明史，积淀了许多为历代中国人所尊崇的奇葩瑰宝。《周易》《老子》《孙子》《论语》《大学》《中庸》《孟子》《楚辞》《坛经》《颜氏家训》《阴符经》《贞观政要》《通书》《近思录》《弟子规》《三字经》《忍经》《菜根谭》《曾国藩家书》等国学经典，都从不同的高度、角度告诉我们应该如何为人、做事，『志士不饮盗泉之水』『廉者不受嗟来之食』『与人为善』『与物为春』『以人为本』『助人为乐』『扶贫济困』等训诫构成了中华传统美德博大精深的完备系统。这些传世文献是弘扬中华民族精神、建设中国人共有的精神家园的珍贵文献。

时下，中国社会出现『国学热』，各种讲国学常识和名家讲国学的读物不难找到。但是，审视历代留下各类注本难易参差，亦有注疏错误，尤其新近翻刻出版的国学书籍还无法满足读者的要求，注译精良、讲解恰当而适合社会各界人士学习的国学精注精译精解类书籍又少之又少。为了适应这一需要，在『善品堂藏书』创始人何德益先生的倡导下，线装书局联合『善品堂藏书』，编辑出版了此套线装本《国学精注精译精评文库》。

《国学精注精译精评文库》由我担任主编，著名学者、北京大学资深教授汤一介先生担任总顾问，中国文化书院学术总支持，陆续推出海内外重要学者的最新评点著作。

因此，这套书祈望质量上乘，集学术性、普及性和收藏性于一体，雅俗共赏，为助力弘扬中华传统文化贡献绵薄之力。希望该文库对有缘人能有所启迪和帮助。是为序。

王守常

（中国文化书院院长、北京大学教授）

二〇一四年元月

前言

《素书》又名《钤经》《玉钤经》，是中国历史上有名的奇书之一。在古代，这本书可谓无人不知、无人不晓，有很多封建帝王都将这本书看作治国兴邦的法宝。

一般认为，《素书》的作者是张良的老师黄石公。黄石公其人，史籍记载很少，相传是秦末汉初的五大隐士之一。传说黄石公在圯桥遇张良，便以拾鞋方式试张良，见其是可造之才，遂以《素书》相赠。而张良凭借这本书，帮助刘邦建立了长达四百年之久的大汉王朝；又是凭借从这本书中参透的智慧，功成身退，避免了兔死狗烹的可悲下场。

黄石公将这本书给张良的时候，张良问他叫什么名字。黄石公说，等到你辅佐有才能的人统一国家之后，就到济北谷城山下来找我吧，山下的那块黄石就是我。所有的人（包括张良在内）都不知道他的真实姓名，因此，张良尊称他为黄石公。

黄石公生活在秦朝末年，思想上受到了儒家、道家、阴阳家、法家等各家学说的影响。因此，在这本书中，可以看到各家思想的痕迹。

《素书》由黄石公传给张良，张良死后随葬墓中。西晋时张良墓被盗，《素书》流传于世。明代慎懋赏曾撰有《黄石公传》。清代编《四库全书》，其子部『兵法』类收录有明代刻本《素书》。宋代张商英、清代王姓学者曾先后为《素书》作注。现在一般所见，即为此张王注本。

《素书》全文一千三百六十字，字字珠玑，句句名言，对复杂的人性把握得入木三分，对世间万事万物的本质和发展规律观察得细致入微。该书不仅包含治国安邦大谋略，更有修身处世、为人之道的小智慧，每一句箴言都是切中要害，一针见血，读来如醍醐灌顶、豁然顿悟，其对人生的指导意义不言而喻。

《素书》比较难懂，因此也被称为天书。对于熟读文言的古人来说尚且如此，对于渐渐远离古文环境的我们来讲，想要完全理解，就更加困难了。为了便于读者理解，编辑部特别邀请学者江力，对原书的文字作了注解，除把原文翻译成白话文之外，还加上了深入的解读和具体案例。愿读者诸君开卷有益。

目录

序

宋·张商英

《黄石公素书》六篇，按《前汉列传》黄石公圯桥所授子房《素书》，世人多以《三略》为是，盖传之者误也。

晋乱，有盗发子房冢，于玉枕中获此书，凡一千三百言。上有秘戒：『不许传于不道、不神、不圣、不贤之人；若非其人，必受其殃；得人不传，亦受其殃。』呜呼！其慎重如此。

黄石公得子房而传之，子房不得其传而葬之。后五百余年而盗获之，自是《素书》始传于人间。然其传者，特黄石公之言耳，而公之意，其可以言尽哉？

余窃尝评之：『天人之道，未尝不相为用。』古之圣贤皆尽心焉。尧钦若昊天，舜齐七政，禹叙九畴，傅说陈天道，文王重八卦，周公设天地四时之官，又立三公以燮理阴阳。孔子欲无言，老聃建之以常无有。《阴符经》曰：『宇宙在乎手，万化生乎身。』道至于此，则鬼神变化，皆不逃吾之术，而况于刑名度数之间者欤！

黄石公，秦之隐君子也。其书简，其意深。虽尧、舜、禹、文、傅说、周公、孔子、老聃，亦无以出此矣。

然则黄石公知秦之将亡，汉之将兴，故以此书授子房。而子房者，岂能尽知其书哉！凡子房之所以为子房者，仅能用其一二耳。

《书》曰：『阴计外泄者败。』子房用之，尝劝高帝王韩信矣；《书》曰：『小怨不赦，大怨必生。』子房用之，尝劝高帝侯雍齿矣；《书》曰：『决策于不仁者险。』子房用之，尝劝高帝罢封六国矣；《书》曰：『设变致权，所以解结。』子房用之，尝致四皓而立惠帝矣；《书》曰：『吉莫吉于知足。』子房用之，尝择留自封矣；《书》曰：『绝嗜禁欲，所以除累。』子房用之，尝弃人间事，从赤松子游矣。

嗟乎！遗糟弃滓，犹足以亡秦、项而帝沛公，况纯而用之、深而造之者乎！

自汉以来，章句文词之学炽，而知道之士极少。如诸葛亮、王猛、房乔、裴度等辈，虽号为一时贤相，至于先王大道，曾未足以知仿佛。此书所以不传于不道、不神、不圣、不贤之人也。离有离无之谓道，非有非无之谓神，有而无之之谓圣，无而有之之谓贤。非此四者，虽口诵此书，亦不能身行之矣。

译文

黄石公的《素书》总共分为六章，按照《前汉列传》记载，黄石公在圯桥将一本《素书》授予张良。后世人多认为这本《素书》就是黄石公的另一部兵书《三略》。这实在是以讹传讹啊。

西晋八王之乱的时候，有一个盗墓贼挖掘了张良的坟墓，在玉枕中找到了这本《素书》。全书共计一千三百